U0332278

图解你最关心的气象问题

中国气象学会　编著

气象出版社
China Meteorological Press

图书在版编目（CIP）数据

图解你最关心的气象问题 / 中国气象学会编著 . --
北京：气象出版社，2018.1（2019.1 重印）
　　ISBN 978-7-5029-6661-4

Ⅰ . ①图… Ⅱ . ①中… Ⅲ . ①气象学—图解
Ⅳ . ① P4-64

中国版本图书馆 CIP 数据核字 (2017) 第 262814 号

Tujie Ni Zui Guanxin de Qixiang Wenti
图解你最关心的气象问题

出版发行：气象出版社
地　　址：北京市海淀区中关村南大街 46 号　　邮政编码：100081
电　　话：010-68407112（总编室）　010-68408042（发行部）
网　　址：http://www.qxcbs.com　　E-mail：qxcbs@cma.gov.cn
责任编辑：侯娅南　　　　　　　　　　终　审：张　斌
责任校对：王丽梅　　　　　　　　　　责任技编：赵相宁
封面设计：楠竹文化
印　　刷：三河市君旺印务有限公司
开　　本：889 mm×1194 mm　1/64　　　印　张：2.125
字　　数：40 千字
版　　次：2018 年 1 月第 1 版　　　　　印　次：2019 年 1 月第 2 次印刷
定　　价：10.00 元

本书如存在文字不清、漏印以及缺页、倒页、脱页等，请与本社发行部联系调换

目 录

气象预报测报

1.目前我国天气预报的准确率有多高？

在广大气象工作者的共同努力下，气象预报准确率稳步提高。2016年，全国24小时晴雨、最高气温、最低气温预报准确率分别为87.2%，80.9%，85.1%，中央气象台24小时台风路径预报误差为66千米，达到了世界先进水平。

与"十一五"相比，"十二五"期间，24小时晴雨、温度预报准确率分别提高了1.8个百分点和13个百分点，台风路径预报误差减少31千米，达国际先进水平。暴雨预警准确率达到60%以上，强对流天气预警时间提前到15~30分钟，接近发达国家水平。

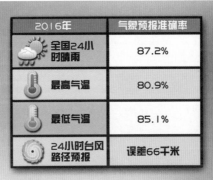

2016年	气象预报准确率
全国24小时晴雨	87.2%
最高气温	80.9%
最低气温	85.1%
24小时台风路径预报	误差66千米

"十二五"与"十一五"相比	气象预报准确率
全国24小时晴雨	提高1.8个百分点
气温	提高13个百分点
24小时台风路径预报	误差减少31千米
暴雨预警	60%以上
强对流天气预警时间	提前到15~30分钟

2.天气预报为什么不可能完全准确?

（1）天气预报属于预测科学，从科学规律讲，预测科学不可能完全准确或者永远准确。现在的科技水平以及对整个大气的了解程度，决定了我们的天气预报不可能完全准确。

（2）天气预报看似简单，实际上是一个复杂的系统工程，涉及方方面面，每个环节的发展水平都会直接影响预报精准度。随着科技发展和人类认识的进步，天气预报准确率在不断提高，但不可能完全准确。

3.天气预报难在哪里？

难点一：人类尚未完全掌握大气运动规律

大气运动的每一个环节都存在某些不确定性，不可能每一次的预报结果都与实际一致。大气是混沌的，很小的波动也可能产生巨大的湍流，正如著名的"蝴蝶效应"：一只小小的蝴蝶在巴西上空扇动翅膀，可能在一个月后的美国得克萨斯州会引起一场风暴。

得克萨斯州

一个月后

巴西

难点二：复杂地形、地貌导致天气演变过程具有不确定性

除去大气运动自身的随机性，地形、地貌等干扰因素也导致了天气现象演变过程的不确定性。正所谓"一山有四季，十里不同天"。如我国横断山脉的东西部差异、洞庭湖上空及周边异常天气活动频繁等。要想越过地形、地貌这个人类追求精准预报之路上的"障碍"，要科学纳入对地形、地貌因素的考量。但难度在于，特殊地形、地貌环境下气象观测资料的缺乏，导致数值预报模式中很难准确量化地形、地貌对大气活动的影响。

一山有四季，十里不同天。

难点三：预报人员专业素质影响天气预报准确率

预报预测准确率的提高，要依靠科技进步，但同时也要重视发挥预报人员的主观能动性。美国大气研究中心（NCAR）的评估报告曾指出，优秀的预报人员在天气预报中所起的作用，相当于数值预报模式10～12年改进的效果。

4.为什么雷雨、冰雹等天气的预报与实际会出现偏差？

雷雨、冰雹等属于局地强对流天气，其具有生命史短、突发性强的特点。由于这种天气突发性强，天气出现的征兆有时非常不明显，且其触发机制仍有待进一步研究，因此，对该类强对流天气定时、定点、定量的精准预报目前仍存在技术上的局限性。

俗话说，"天有不测风云"，尽管我们的预报服务人员查看了所有能够调用的资料，进行了认真分析，尽了百分之百的努力，但是气象预报还是不能做到百分之百的准确，这也是不争的事实。

5.如何理解未来一周到一个月的天气趋势?

1~3天时间尺度的天气预报为短期天气预报,4~10天的为中期天气预报,11~30天的为延伸期天气预报。

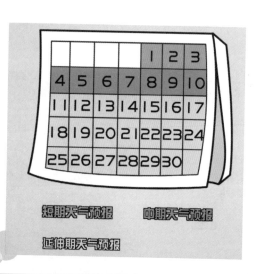

短期天气预报　　中期天气预报

延伸期天气预报

6.气候预测难在哪里？

气候预测存在的难点：一是预测时间尺度长；二是气候预测的原理和方法复杂；三是要获得地球系统较为全面的气候观测资料，目前尚有困难。

7.为什么有时公众感觉到的温度与气象部门预报的气温有差别?

气象台测出的气温是自然状态下不受干扰的标准空气温度。而大家感觉到的温度,是包含了诸多影响因素的局地环境温度。

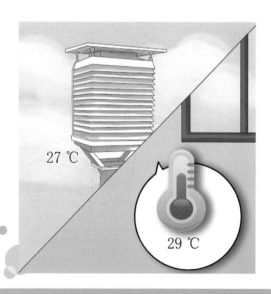

那气温是如何测出的呢？测气温的温度表被放置在百叶箱里，距地面1.5米高，百叶箱安放在通风自然的草坪上。这是世界气象组织统一规定的标准。

8.为什么要用百叶箱里的气温?

这是世界气象组织统一规定的标准。没有统一的观测标准,那天气预报也无从谈起。

由于环境千差万别,因此,树荫底下和太阳直射下、草地上和水泥路面、地面和楼顶、车里车外、有云和没云、有风和没风等因素都会造成温度的差别。

每个人都可以拿着温度表测出属于自己的温度。但同样,大家也需要一个"标准温度"去衡量大气的冷热程度。

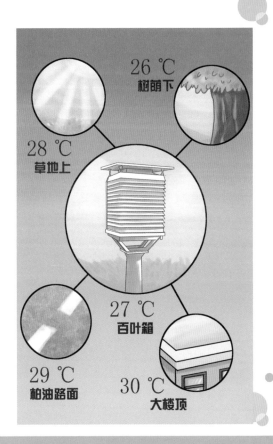

26 ℃
树荫下

28 ℃
草地上

27 ℃
百叶箱

29 ℃
柏油路面

30 ℃
大楼顶

9.什么是空间天气预报?

空间天气预报是根据观测资料和预报模式,对未来的太阳活动、行星际、磁层、电离层、中高层大气中关键要素做出的预警和预报。

(1)高度范围:20千米以上至太阳。

(2)天气现象:耀斑、磁暴、极光、电离层暴等。

(3)观测要素:X射线、磁场、电场等。

(4)观测设备:极紫外成像仪、日冕仪、测高仪、激光雷达、流星雷达等。

天气与气候

1.天气和气候有什么区别？

天气是指一定区域范围，短时间内的大气状态（如冷暖、风雨、干湿、阴晴等）及其变化的总称。我们可以说，"今天天气很好，风和日丽，晴空万里"。还有一些描述天气的诗句，如"夜来风雨声，花落知多少""忽如一夜春风来，千树万树梨花开"。

气候是指整个地球或其中某个地区某段时期内的天气状况的综合表现，它是长时间内气象要素和天气现象的平均或统计状态，时间尺度为月、季、年、数年到数百年以上。例如，北京的气候四季分明，夏季炎热多雨，冬季寒冷干燥。

今天天气很好，风和日丽，晴空万里。

北京的气候四季分明，夏季炎热多雨，冬季甚冷干燥。

2.什么是雾，什么是霾？

雾是由大量悬浮在近地面空气中的微小水滴或冰晶组成的水汽凝结物，常呈乳白色，使水平能见度小于 1 千米。霾是指大量极细微的颗粒物均匀地浮游在空中，使水平能见度小于 10 千米的空气普遍混浊现象，这些颗粒物主要来自自然界以及人类活动排放。

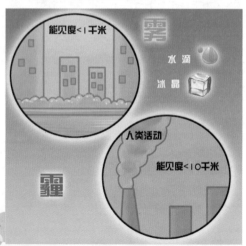

雾、霾都能形成灾害，但是其主要成分和形成过程完全不同。雾是大量微小水滴或冰晶浮游空中；霾是大量极细微的颗粒物（主要是 $PM_{2.5}$）均匀地浮游在空中。霾与雾的区别在于发生霾时相对湿度不高，而出现雾时相对湿度是很高的。

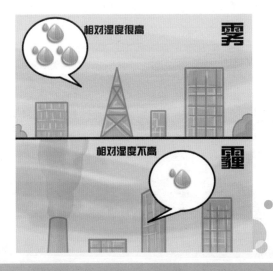

　　雾、霾也有密切的联系，大气中的霾粒子也是形成雾的凝结核和基础。霾在大气相对湿度从低向饱和变化的过程中，一部分霾粒子就变成了雾滴，也有污染物在里面了。

　　由于组成霾的干尘粒与雾滴都能影响能见度，所以能见度低于 10 千米时，可能既有干尘粒的影响，也可能有雾滴的影响。雾、霾在一天之中可以变换角色，甚至在同一区域内的不同地方，雾、霾的分布也会有所不同。

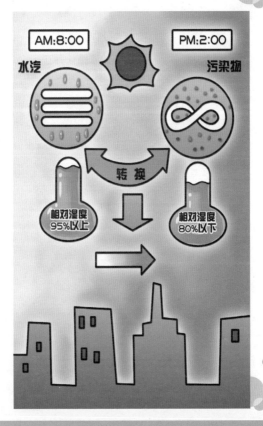

3.什么样的气象条件容易形成雾、霾？

雾的形成一定是在大气水汽含量达到饱和时发生的，并且一定有足够的凝结核存在。

而霾的形成，大量污染物的排放是主因，大气层结稳定，风力小，气象条件不利于污染物的扩散，导致污染物不断累积是霾形成的外部条件。

4.霾和沙尘暴是否存在内在关系？它们的形成条件一样吗？

霾和沙尘暴是两种不同的天气现象，二者的主要关系是沙尘暴天气主要由沙尘气溶胶组成，而霾除了沙尘气溶胶影响之外，还有其他的气溶胶组分，如微小烟粒或盐粒。

霾出现的气象条件是大气静稳，空气流动性差，大气中的污染物无法扩散；沙尘暴出现的气象条件是大气不稳定，大风将沿途沙漠地表的大量沙尘吹起，传输过程中有沉降，沿途地区就出现了沙尘暴。沙尘暴主要出现在春季，而霾一年四季都可以出现。

5.为什么感觉近些年来沙尘暴有减少趋势，而霾却在加重？

自21世纪以来，我国沙尘暴天气有持续减少的趋势，而霾却在增加，主要原因是风力条件发生了改变。

在全球气候变暖的大背景下，我国北方升温较南方快，南北方气压的差别变小，大风日数相应减少，沙尘暴也随之减少。而大风天气的减少，却是有利于霾天气增多的。

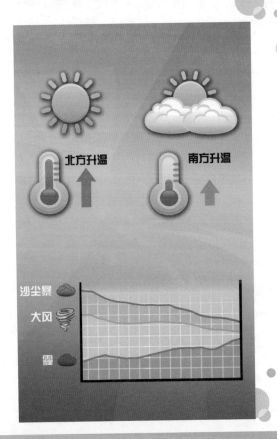

6. "气象干旱"与"干旱"有什么不同?

针对同一干旱过程,着眼点不同对干旱的认识和评估就不同。从评价指标来讲,干旱有多种评价指标。"气象干旱"是常用的一个指标,它是从某一站点或区域的气温、降水、蒸发等气象要素在一段时间内的累积效应来评价干旱程度。同理,水文、农业等行业从各自的着眼点出发,就有各自不同的评价指标和体系。

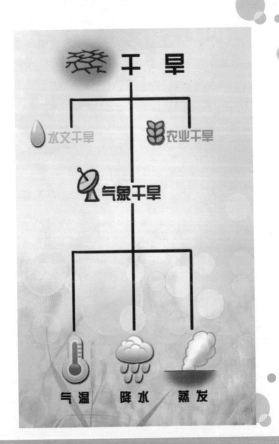

　　一般社会大众认识和理解的干旱是综合性的，而实际上真正的干旱，影响对象是不同的。比如，农闲季节，降水再少，地下水位再低，都不种庄稼，或者说庄稼不受影响，这就不会发生农业干旱；而如果在农作物生长发育关键期，土壤水分匮缺、作物需水得不到满足，影响到农作物的生长发育和产量形成，就是农业干旱。

　　一般说来，干旱都是指降雨少、蒸发多，气象干旱是先导。气象干旱发生后，可能会造成水文干旱、农业干旱等。

农闲季节

农忙季节

7.什么是厄尔尼诺现象和拉尼娜现象?

厄尔尼诺现象是太平洋赤道大范围内海洋和大气相互作用后失去平衡而产生的一种气候现象。它的基本特征是南太平洋东部的海面温度异常升高,海水水位上涨,并形成一股暖流向南流动。它使原属冷水域的太平洋东部水域变成暖水域,结果引起海啸和暴风骤雨,造成一些地区干旱、另一些地区又降雨过多的异常。

拉尼娜现象是指赤道太平洋东部和中部海面温度持续异常偏低的现象(与厄尔尼诺现象正好相反)。表现为东太平洋明显变冷,同时也伴随着全球性气候混乱。拉尼娜现象总是出现在厄尔尼诺现象之后,是厄尔尼诺现象之后的矫正过渡现象。

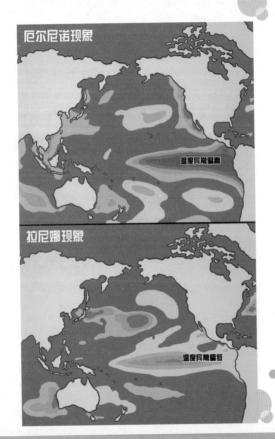

厄尔尼诺现象

温度异常偏高

拉尼娜现象

温度异常偏低

8.如何看待全球气候变暖的争议?

2016 年全球地表平均气温接连打破 2014 年和 2015 年的纪录再创新高,成为有气象记录以来的最热年份。全球气候变暖是气象观测记录揭示的无可争辩的事实。

全球气候变暖是由自然和人类活动共同造成的。随着工业化进程的加快,人类活动对气候的影响越来越明显。人类通过大量燃烧煤炭、石油等化石燃料向大气中排放了大量的二氧化碳等温室气体,使大气中温室气体的温室效应进一步增强,全球气候出现了以变暖为特征的显著变化。

2016年

2015年

2014年

　　根据政府间气候变化专门委员会（IPCC）发布的第五次气候变化评估报告，未来 20 年全球地表平均气温在现有的基础上将可能再升高 0.3 ~ 0.7 ℃，到 21 世纪末将升高 0.3 ~ 4.8 ℃。

　　近百年来全球地表平均气温的变化并不是直线式上升，这是因为地球气候系统极其复杂。人们感知到的气候变化，是气候的趋势性变化与年际、年代际波动共同影响的结果。

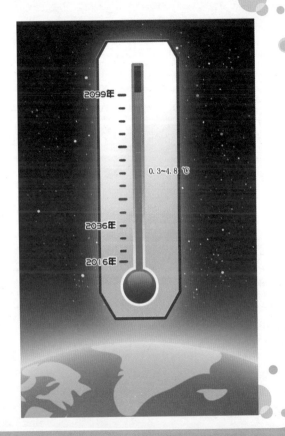

9.温室气体的继续排放将会造成什么后果?

未来全球气候变暖的程度主要取决于二氧化碳的累积排放。即使人类停止温室气体的排放,但过去温室气体排放导致的气候变化及其相关影响还将持续多个世纪,而且气温升高越明显,自然生态系统和人类社会面临的风险就越大。

未来如果局地温度比 20 世纪后期再升高 2 ℃或更高,将会导致热带和温带地区的小麦、水稻和玉米产量减少,影响全球粮食安全。温度每升高 1 ℃,全球受水资源减少影响的人口将增加 7%,许多物种将面临更高的灭绝风险,很多地区尤其是低收入发展中国家的不良健康状况将加剧。

二氧化碳

🌡 2 ℃ ⬆ = 🌾🌱🌽 ⬇
热带和温带地区的小麦、水稻和玉米产量减少

🌡 1 ℃ ⬆ = 💧🧍 7% ⬆
全球受水资源减少影响的人口将增加7%

10.近年来中国气候变化呈现哪些特点？有没有出现一些新的变化趋势？

气温方面：1961—2015年，中国地表年平均气温升温速率为每10年升高0.32 ℃。2015年中国平均地表气温为10.5 ℃，比常年偏高1.3 ℃，是1951—2015年最暖的年份。

降水方面：1961—2015年，中国平均年降雨日数呈显著减少趋势，而暴雨日数呈增多趋势。21世纪以来，华北、东北和西北地区年降水量波动上升，而华中和西南地区总体处于降水偏少阶段。

极端事件方面：1961—2015年，中国极端高温事件、极端强降水事件和气象干旱事件频次趋多，极端低温事件频次显著减少。1961—2015年，西北太平洋和南海台风生成个数趋于减少，但近十年登陆台风强度明显增强。

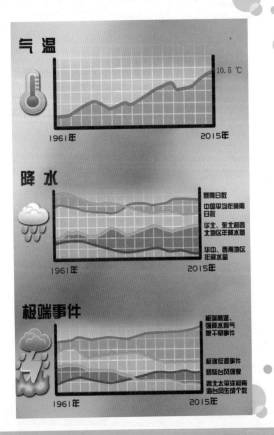

气温

10.5℃

1961年   2015年

降水

景雨日数
中国平均年降雨日数
华北、东北和西北地区年降水量
华中、西南地区年降水量

1961年   2015年

极端事件

极端高温、强降水和气象干旱事件

极端低温事件
登陆台风强度
西北太平洋和南海台风生成个数

1961年   2015年

11.什么是气候资源?

气候资源是一种重要的自然资源,是指在一定的经济技术条件下,能为人类活动提供可利用的气候要素中的物质、能量的总称,包括太阳能资源、热量资源、水分资源、生态气候资源和风资源。

气候资源是一种可再生资源,具有广布性和不均衡性、连续性和不稳定性的特点,它是人类赖以生存和发展的条件,为人类活动提供生存必需的环境、物质和能量,气候资源是生产力,对社会经济发展具有重要意义。

太阳能资源

热量资源

水分资源

生态气候资源

风资源

12.在应对气候变化方面，气象部门能做什么工作？

（1）拓展气候服务的领域和内涵。

（2）强化气候区划，推进气候可行性论证。

（3）增强气候资源开发利用。

（4）加强气象社会管理工作。

（5）多渠道开展科普宣传，努力提高公众参与应对气候变化意识。

（6）强化气候变化基础性工作，完善气候系统综合观测和基础数据建设。

气象防灾减灾

1.近年来我国气象灾害防御取得了哪些成绩，还存在哪些不足？

"十二五"期间，气象防灾减灾效益明显。深化了"政府主导、部门联动、社会参与"的气象防灾减灾机制。决策服务和重大活动保障成效显著，对重点行业发展的总体贡献率明显提升，应对气候变化决策支撑能力和生态文明建设气象保障能力显著增强。气象灾害导致的死亡人数从"十一五"的年均 2956 人下降到"十二五"的 1293 人，灾害损失占国内生产总值（GDP）比重从 1.02% 下降到 0.59%，气象预警信息公众覆盖率接近 80%，公众气象服务满意度保持在 85 分以上。

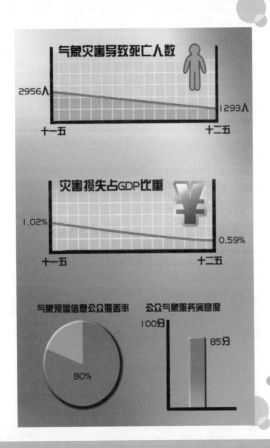

气象灾害导致死亡人数

2956人

1293人

十一五　　　　　　十二五

灾害损失占GDP比重

1.02%

0.59%

十一五　　　　　　十二五

气象预警信息公众覆盖率　　公众气象服务满意度

100分

85分

80%

气象防灾减灾工作还存在一些不足，主要表现在：气象预报准确率和精细化水平与经济社会发展和人民安全福祉的要求还有差距；气象科技创新能力、核心业务技术水平与世界先进水平还有差距；依法防御气象灾害、规范社会气象行为、组织公共气象服务等能力与全面履行政府管理职能的要求还有差距；气象事业结构、发展方式和运行机制与气象现代化要求、国家改革发展大形势等不相适应的问题越来越突出。

气象预报准
确率和精细
化水平

气象科技创
新能力、核
心业务技术
水平

依法防御气
象灾害、规
范社会气象
行为、组织
公共气象服
务等能力

气象事业
结构、发
展方式和
运行机制

经济社会发
展和人民安
全福祉

世界先进水平

全面履行政
府管理职能

气象现代化
要求、国家
改革发展大
形势

2.当前，农村的灾害防御方面取得了哪些工作成效？

　　第一，基层气象防灾减灾组织体系逐步完善。全国 96.8% 的乡镇配备气象协理员负责气象灾害防御工作。全国气象信息员 78.1 万名，村屯覆盖率达 99.7%。全国共建设 7.8 万余个乡镇气象信息服务站。2712 个县出台气象灾害应急专项预案，2723 个县建立了气象灾害应急准备制度，累计 5.73 万个重点单位或村屯通过了气象灾害应急准备评估。建成标准化气象灾害防御乡（镇）1009 个。

第二，不断扩大农村气象灾害预警信息覆盖面。全国1500多个县气象局制作和播出电视气象节目，占全国总县数的62.1%；农村可用气象电子显示屏15.1万余块，建设了41.6万套气象大喇叭等预警发布设施。

第三，基层气象防灾减灾应急防范机制逐步健全。开展气象灾害风险普查和区划，提高气象灾害风险识别能力。完成了以县为单位的全国历史气象灾情普查，1158个县完成了县级主要气象灾害风险区划5185项。

3.气象部门如何保障国家粮食安全？

在强化春耕春播、夏收夏种、秋收秋种等重要农时、关键农事季节气象服务的同时，积极开展主要粮食作物的动态产量、全年粮食作物产量等十余种预报，预报准确率稳定在95%以上。

针对主要粮油作物、特色及设施农业，研发一批实用性较强的农业气象适用技术，建设了1300多块特色鲜明的农业气象推广示范田。此外，为了增加农作物抵御灾害的能力，着力推进精细化农业气候区划工作，完成县级精细化农业气候区划和农业气象灾害风险区划4000多项。

全年粮食作物产量预报
....
....
主要粮食作物动态产量预报
....

农业气象推
广示范田

4.有人说，气象预报预警信息不光要报得准，还要传得快，对此气象部门是怎么看的？

近年来，我国气象预报准确率、精细化和预报时效得到了提高，也获得了社会认可。但气象预警信息发布仍存在"最后一公里"问题。现在对一些极端灾害的监测、预报、预警能力方面有很大的提高，预警的信息可以利用各种手段来向公众传送。但真正受气象灾害影响较大的脆弱群体没有掌握现代通信工具。

进一步提高气象信息公众覆盖率：一是完善预警信息传播手段，预警信息要进农村、进社区、进学校、进企业、进工地；二是充分发挥新闻媒体和手机短信的作用；三是畅通边远农村、牧区、山区、海上等预警信息发布渠道，建成覆盖全国的预警信息综合发布系统。

到 2020 年，将建成功能齐全、科学高效、覆盖城乡和沿海的气象灾害监测预警及信息发布系统。

5.气象短信预警为什么有时会延后才收到?

从气象台发出预警到手机用户收到预警,确实有一个时间差,这个时间差主要是在通信传输过程中造成的。因为,气象台把预警信息发送到手机短信平台后,短信平台往手机用户发送,是一个一个发送的。

尽管每个手机用时很短,但要发几千、几万个手机,累积起来时间就比较长,第一个手机收到预警的时间只有几秒钟,而排在后面的手机收到预警的时间就要长一些,可能是几分钟、十几分钟,有长有短。

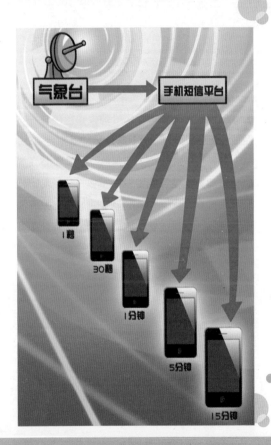

6.目前对天气预报发布市场，气象部门如何加强规范和管理？

《中华人民共和国气象法》规定："国家对公众气象预报和灾害性天气警报实行统一发布制度。除各级气象主管机构所属的气象台站外，其他任何组织或者个人不得向社会发布公众气象预报和灾害性天气警报。非法向社会发布公众气象预报、灾害性天气警报的，由有关气象主管部门按照权限责令改正，给予警告，并可处5万元以下的罚款。"

凡是媒体、网站等要预报当地的天气情况，一定要经过所在地的气象部门，否则所发布的天气情况不权威也不可靠，如果网站、软件开发商等擅自制作、发布、传播天气预报，则违反了相关气象法律法规。

对于各种手机软件和网站发布的非正规渠道的天气信息，气象部门会加大排查力度，同时欢迎广大群众监督举报；另外，也要请广大群众共同维护权威部门发布的天气预报，抵制使用非正规的天气预报信息，这样才不容易与实际情况产生偏差。

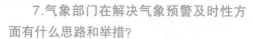

7.气象部门在解决气象预警及时性方面有什么思路和举措?

近年来,我国气象监测预报准确率、精细化和预报时效得到了提高,也获得了社会认可。同时,气象部门也花大力气加强气象预警发布能力和机制建设,一是完善预警信息传播手段,强调预警信息进农村、进社区、进学校、进企业、进工地,覆盖弱势群体。二是充分发挥新闻媒体和手机短信的作用。三是畅通边远农村、牧区、山区、海上等预警信息发布渠道,建成覆盖全国的预警信息综合发布系统。

8.公众可通过哪些渠道获得预警信息?

目前，获得气象信息的主要渠道包括报纸、广播、电视、网站、微博、微信、电话、手机短信、手机客户端、电子显示屏、农村大喇叭等。遇有重大灾害天气，气象部门都会通过这些渠道，向公众免费提供预警信息。

受这些渠道本身的特点和公众使用习惯等的影响，各种渠道都有优缺点，比如大部分上班族在上班时间不会收听、收看广播电视，绝大部分公众不希望夜间休息时还受气象信息打扰。因此，希望公众要结合这些渠道的特点和自己的使用习惯，灵活使用。

9.气象预警以及气象信息的发布，面对的是哪些人群？气象预警信息收费吗？

《国务院办公厅关于加强气象灾害监测预警及信息发布工作的意见》（国办发〔2011〕33号）第六条：完善预警信息发布制度。各地区要抓紧制定突发事件预警信息发布管理办法，明确气象灾害预警信息发布权限、流程、渠道和工作机制等。建立完善重大气象灾害预警信息紧急发布制度，对于台风、暴雨、暴雪等气象灾害红色预警和局地暴雨、雷雨大风、冰雹、龙卷风、沙尘暴等突发性气象灾害预警，要减少审批环节，建立快速发布的"绿色通道"，通过广播、电视、互联网、手机短信等各种手段和渠道第一时间无偿向社会公众发布。

气象灾害
红色预警

突发性气象
灾害预警

绿色通道

第九条：充分发挥新闻媒体和手机短信的作用。各级广电、新闻出版、通信主管部门及有关媒体、企业要大力支持预警信息发布工作。广播、电视、报纸、互联网等社会媒体要切实承担社会责任，及时、准确、无偿播发或刊载气象灾害预警信息，紧急情况下要采用滚动字幕、加开视频窗口甚至中断正常播出等方式迅速播报预警信息及有关防范知识。各基础电信运营企业要根据应急需求对手机短信平台进行升级改造，提高预警信息发送效率，按照政府及其授权部门的要求及时向灾害预警区域手机用户免费发布预警信息。

滚动字幕

加开视频窗口

中断正常播出

10.气象灾害防御预案共分为几个灾种？相对应的应急响应分为几级，标准是什么？

2009 年 12 月，国务院办公厅出台并印发了《国家气象灾害应急预案》(以下简称《预案》)。《预案》适用于我国范围内台风、暴雨(雪)、寒潮、大风(沙尘暴)、低温、高温、干旱、雷电、冰雹、霜冻、冰冻、大雾、霾等气象灾害事件的防范和应对，共分为 4 个级别。《预案》以《附则》的形式明确了气象灾害预警标准，还对气象灾害防范和应对的组织体系、监测预警、应急处置、恢复与重建、应急保障、预案管理等方面进行了详细规定。各地根据实际情况，也制定了相应的应急预案并不断修订完善。

11.不同灾种和级别下，政府部门和社会公众应该注意什么？

按照依法治国、依法行政的要求，大力推动气象灾害防御法制建设，先后出台《中华人民共和国气象法》《气象灾害防御条例》等法律法规和《国家气象灾害应急预案》《国务院办公厅关于加强气象灾害监测预警及信息发布工作的意见》等规范性文件，调整和规范政府、部门和社会组织在防御气象灾害的责任与义务，基本做到了有法可依、有法必依。

气象部门将一如既往切实履行防灾减灾职能，及时发布气象预警信息和防御提示。社会公众应主动关注天气形势变化和预警提示，掌握基本科普知识和防灾避灾技能，及时采取有效灾害防御措施。

气象卫星

1.气象卫星是怎样分类的？

气象卫星分为极轨气象卫星和静止气象卫星两种。

极轨气象卫星绕地球南北两极运行，高度一般在 1000 千米左右，绕地球一圈需要 102 分钟，一天可绕地运行 14 圈。可以获取全球观测数据，主要为天气预报，特别是数值天气预报提供气象资料，监测大范围的自然灾害，应用于防灾减灾和应对气候变化。

静止气象卫星和地球同步运行，与地球处于相对静止状态，它在地球赤道上空静止轨道运行，运行高度约 35800 千米，可以监测地球表面三分之一的固定区域，主要用于中尺度天气分析。

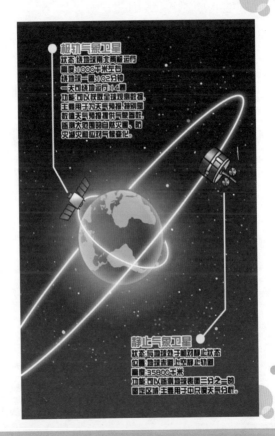

极轨气象卫星
状态：绕地球南北两极运行
高度：1000千米左右
绕地球一圈：102分钟
一天可绕地球运行14圈
功能：可以获取全球观测数据，主要用于天气预报，特别是数值天气预报提供气象资料，临测大范围的自然灾害，防灾减灾和应对气候变化。

静止气象卫星
状态：与地球处于相对静止状态
位置：地球赤道上空静止轨道
高度：35800千米
功能：可以监测地球表面三分之一的固定区域，主要用于灾变天气分析。

2.我国气象卫星是怎样命名的?

我国的气象卫星都以"风云"命名,用单、双数来区别是极轨气象卫星还是静止气象卫星。极轨气象卫星用单数序号表示,第一代极轨气象卫星为"风云一号",第二代极轨气象卫星为"风云三号"。静止气象卫星用双数序号表示,第一代静止气象卫星为"风云二号",第二代静止气象卫星为"风云四号"。用英文字母A,B,C等命名同一代卫星中的在轨运行卫星,例如,第二代极轨气象卫星中的第二颗星名为"风云三号 B 星",代号为"FY-3B"。

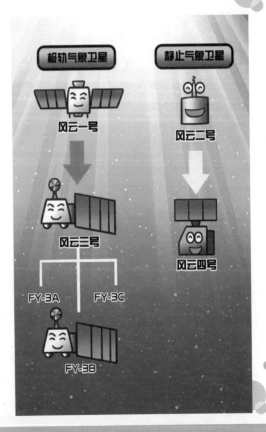

极轨气象卫星

静止气象卫星

风云一号

风云二号

风云三号

风云四号

FY-3A   FY-3C

FY-3B

3.我国气象卫星的国际地位及国内外各部门接收、使用卫星资料的情况如何？

我国已成功发射了 15 颗气象卫星，其中 8 颗在轨运行，是国际上同时拥有静止气象卫星和极轨气象卫星的少数国家和地区之一。风云气象卫星技术已经达到了国外同类气象卫星的先进水平，成为全球业务应用气象卫星序列中的重要成员。

目前国内接收与利用风云卫星资料的用户已超过 2500 家，世界上 70 多个国家和地区接收和使用风云卫星数据。风云气象卫星资料和加工产品在国内外气象、海洋、农业、林业、水利、交通、航空、航天等多个部门及企业得到了越来越广泛的应用。

4.气象卫星在重大活动保障及灾害性天气监测中能起到什么作用?

气象卫星应用领域快速拓宽,在台风、暴雨、洪涝、干旱等多种灾害监测中发挥了重要作用;气象卫星的应用水平也逐步提升,逐步从定性应用向定量应用发展。

据不完全统计,2000 年至今,中国气象局利用卫星资料对各类气象灾害进行有效监测,向党中央、国务院和政府部门提供重大气象灾害决策服务材料超过百次,各类监测服务报告超过千余次。

自从有了"风云"系列气象卫星，登陆或影响我国的台风就无一漏网。从 1998 年"风云二号"卫星投入运行以来，截至 2016 年底，对西太平洋生成的 445 个，登陆或影响我国的 169 个台风监测无一漏网。气象卫星资料的加入，使台风预报准确率连年提升，2015 年中央气象台台风 24 小时路径预报误差首次低于 70 千米，达到世界领先水平。

台风预报准确率

1998年　　　　　2016年

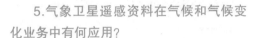

5.气象卫星遥感资料在气候和气候变化业务中有何应用？

目前，利用气象卫星资料反演的海表温度、长波辐射、积雪和海冰产品已经成为全球和区域气候与气候变化研究不可或缺的基本信息。

"风云二号"静止气象卫星观测资料填补了印度洋西部的资料空白区，已经成为我国夏季季风监测的重要手段。

"风云二号"A星、B星和C星具备了对大气气溶胶、全球海表温度、地球能量辐射收支的监测。

6. "风云四号"卫星有何先进之处?

2016 年 12 月 11 日,我国在西昌卫星发射中心成功发射"风云四号"卫星。与上一代静止轨道气象卫星"风云二号"相比,"风云四号"更为强大。"风云四号"扫描成像辐射计主要承担获取云图的任务,共 14 通道,是"风云二号"5 通道的近 3 倍;在"风云二号"观测云、水汽、植被、地表的基础上,还具备了捕捉气溶胶、雪的能力,并能区分出云的不同相态和高、中层水汽。"风云四号"卫星首次制作出彩色卫星云图,最快 1 分钟生成一次区域观测图像。

人工影响天气

1.什么是人工影响天气?

人工影响天气是通过一定的科技手段对局部大气中的物理过程施加人为影响,使之朝着人们希望的结果发展,达到趋利避害的目的。如果说科学研究的目的是认识自然和改造自然的话,人工影响天气就是在认识自然的基础上去合理利用自然。

在我国现阶段,人工影响天气是指为避免或者减轻气象灾害,合理利用气候资源,在适当条件下通过人工干预的方式对局部大气的云物理过程进行影响,实现增雨(雪)、防雹、消雾、消云减雨等目的的活动。

2.人工增雨（雪）的科学原理是什么？

冷云人工增雨（雪）。利用水向冰转化的冰晶效应，冰晶粒子形成后可以发生重力碰并，增长为降水粒子。因此，在过冷云中如果因为缺乏冰晶或冰晶较少而不能降水或降水强度较弱的话，可以通过人工向云中播撒催化剂（碘化银、干冰等），增加云内冰晶数量以引发云层降水或增大其降水强度。

暖云人工增雨（雪）。主要是向云中播入一定大小的吸湿性（如食盐、氯化钙等）颗粒，造成云滴谱的变化，促进云滴碰并过程的发生，从而引发暖云降水或增大其降水强度。

冷云人工增雨(雪)

碘化银
干冰

暖云人工增雨(雪)

食盐
氯化钙

3.人工消雨的科学原理是什么?

一是提前降雨原理,一般在保护区上游对适合增雨的云实施增雨作业,由于降雨会使云的强度减弱,甚至消散,从而使保护区的降水减弱或不产生降雨。

二是过量播撒原理,一般在云中大剂量播撒催化剂,争食水分,使降水形成滞后,经过保护区后再产生降水。这种作业不适合水分充足、发展强大的云。

三是上升气流破坏原理,对于刚形成的云或一些单体云,直接通过破坏其上升气流的方法,形成下沉气流,促使云提前消散。

4.人工增雨作业能缓解大范围高温天气或干旱灾害吗?

人工增雨作业需要具备适宜的天气气候条件,需要有利于降水的云层和利于催化的条件。大范围的高温天气和干旱往往由特定天气系统的影响所造成,一般不具备增雨作业条件。

根据国内外大量人工增雨外场科学试验长期统计结果表明,正确运用人工催化技术,可增加局部范围的降水量一般为自然降雨量的6% ~ 25%。人工增雨作业从影响的空间范围和时效来说都是极为有限的。

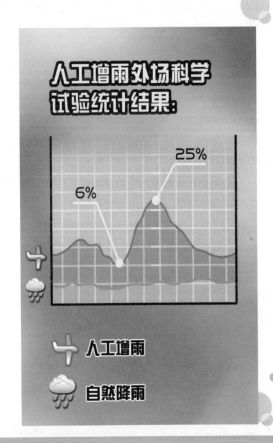

5.人工影响天气作业的一般程序是怎样的？

一要根据任务确定要播撒的目标云。

二要根据任务精心设计和准备作业方案，包括催化剂、作业工具、观测方案和效果评估方案等。

三要根据预报及时申请空域。飞机作业需要申请飞行空域，地面火箭或高炮作业需申请作业空域。

四要根据实况对目标云进行科学的播云作业。

五要进行作业前到作业后的雷达追踪探测和相关的气象条件监测，以满足实时指挥和效果评估的需要。

一　确定目标云

二　催化剂　作业工具　观测方案　效果评估方案

三　飞行空域　作业空域　根据预报申请空域

四　对目标云进行作业空域

五　全程雷达追踪探测

6.人工增雨的作业时期和影响时段是什么时候？

我国的人工增雨作业主要集中在每年的春、夏、秋三季，部分地区全年开展人工增雨作业。

在适合人工增雨的云中播撒碘化银催化剂，可以在 30 分钟至 3 小时内在其下风方向起到成核作用。因此，每次人工影响天气催化作业不可能影响到几天的降雨，一次天气过程中实施人工增雨不会对下一次天气过程产生影响。

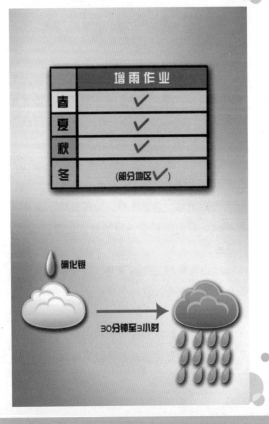

	增雨作业
春	✓
夏	✓
秋	✓
冬	(部分地区✓)

碘化银

30分钟至3小时

7.我国人工影响天气服务领域主要有哪些?

我国人工影响天气工作现阶段主要以人工增雨(雪)、防雹为主,以防灾减灾、保障国家粮食安全、缓解水资源短缺、促进生态建设与保护等为重点,主要开展以下服务:

以抗旱、增加河流水量、增加水库水资源、改善人居环境、保障城市用水、增加水力发电,以及植树造林、退耕还林、退耕还草、森林草原防火、湿地保护等为目的的人工增雨(雪)作业服务。

围绕农村产业结构调整,以保护高产、高效、优质、安全以及特色农业的人工防雹作业服务。

此外,开展应对重大森林火灾、危险化学品泄漏污染等突发公共事件以及重大社会活动应急保障服务。

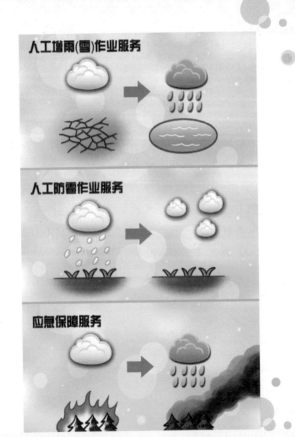

人工增雨(雪)作业服务

人工防雹作业服务

应急保障服务

8.我国开展人工影响天气作业主要使用哪些设备？

飞机人工增雨使用的主要机型为安–26、运12、运七、运八、夏延、奖状等。飞机上加装碘化银、干冰、液氮等催化剂播撒设备，探测设备，空地数据传输设备等。

地面人工增雨、防雹作业使用 37 毫米高炮（射高 6000 米）和人工增雨防雹炮弹、人工增雨防雹火箭弹和发射系统（射高 4000 ~ 8000 米）、地面碘化银发生器等。

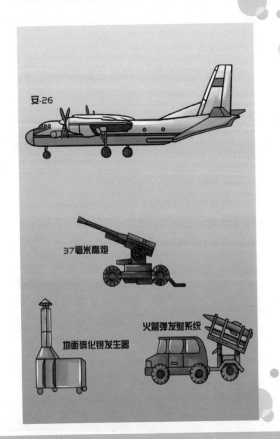

安-26

37毫米高炮

地面碘化银发生器

火箭弹发射系统

9.人工影响天气对环境是否有影响？

我国人工影响天气作业主要采用的干冰、液氮、碘化银等催化剂具有很高的成冰能力，每次作业只需要少量。以常用的冷云催化剂来说，干冰（固体二氧化碳）、液氮汽化后成为二氧化碳和氮气，它们都是空气的组成部分，是生态安全的催化剂，对环境无污染。

即使使用碘化银，由于其用量非常小，美国等国家做过监测，发现长期进行人工增雨的区域在水体和土壤中积累的银离子远低于卫生标准。

所以，正确使用人工影响天气催化剂不会造成环境污染。

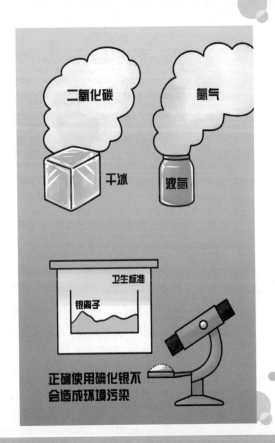

正确使用碘化银不
会造成环境污染

10.人工影响天气作业点是如何选取的?

我国人工影响天气地面作业站点主要包括火箭作业点、高炮作业点和地面催化剂发生器作业点等。地面作业点和相应作业装备主要布设在各级增雨保障区和粮食、农经作物生产区,生态保护区,水资源安全保障区,以弥补飞机作业的不足。

火箭和高炮作业点的选址须严格符合《中华人民共和国民用航空法》《中华人民共和国飞行基本规则》等有关规定及相关安全要求。具体布设要结合作业需求并综合保障区范围、降水集中区域、降水移动路径、火箭和高炮作业影响面积和交通、通信条件等因素,科学合理地规划作业点位置与数量。

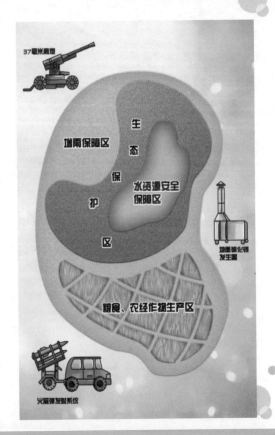